Jasper Körmann

Sicherheit in Sportarenen: Aspekte, Konzepte, Beispiele

GRIN Verlag

Bibliografische Information der Deutschen Nationalbibliothek:

Die Deutsche Bibliothek verzeichnet diese Publikation in der Deutschen National-
bibliografie; detaillierte bibliografische Daten sind im Internet über http://dnb.d-
nb.de/ abrufbar.

Impressum:

Copyright © 2007 GRIN Verlag GmbH
Druck und Bindung: Books on Demand GmbH, Norderstedt Germany
ISBN: 978-3-640-26413-1

Dieses Buch bei GRIN:

http://www.grin.com/de/e-book/121912/sicherheit-in-sportarenen-aspekte-konzepte-
beispiele

Ruhr – Universität Bochum

Fakultät für Sportwissenschaft

Hauptseminar Sportanlagenmanagement

WS 2006 / 07

Thema der Hausarbeit

Sicherheit in Sportarenen: Aspekte, Konzepte, Beispiele

Verfasser: Jasper Körmann

6. Semester
Diplom – Sportwissenschaft
Schwerpunkt Sportmanagement

Inhaltsverzeichnis

1 Einleitung

Diese Hausarbeit wird im Rahmen des Hauptseminars „Sportanlagenmanagement" erstellt und behandelt das Thema „Sicherheit in Sportarenen". Dieses Thema wurde in der jüngeren Vergangenheit, aufgrund einiger schwerer Katastrophen in Fußballarenen in den 80er und 90er Jahren, besonders diskutiert. Seitdem wurden viele Verbesserungen an den Arenen und Sicherheitskonzepten vorgenommen. Dennoch bleibt die Thematik, wie z. B. im Bezug auf die FIFA Fußball-Weltmeisterschaft 2006, aktuell. Aufgrund der Vielfältigkeit an Sportarten und der damit verbundenen Sportstätten, wurde eine Eingrenzung vorgenommen. Der Schwerpunkt wird im (Profi-) Fußball liegen. In dieser Hausarbeit soll geklärt werden, welche Maßnahmen berücksichtigt werden müssen, um die Sicherheit in Sportarenen zu gewährleisten.

In der Literatur existieren keine Publikationen, die diese Problematik umfassend darstellen. Deshalb sollen hier die Grundsätze, die sich aus verschiedenen Blickrichtungen zur Frage der Sicherheit in Sportarenen ergeben, erörtert werden. Hierzu ist es erforderlich, auf historische, bauliche, ökonomische und soziologische Fragestellungen einzugehen. Außerdem werden Publikationen der Polizei, der Vereine, des DFB und der FIFA über ihre Sicherheitskonzepte verwendet. Des Weiteren werden Internet-Quellen herangezogen, die vom Autor auf ihre Zuverlässigkeit und Beständigkeit geprüft wurden.

Zunächst sollen die Begriffe „Sicherheit" und „Sportarena" bestimmt werden. Der Autor hält es in diesem Zusammenhang jedoch für sinnvoll, die Thematik auf die Sportstadien auszuweiten und wird dies im Verlauf der Hausarbeit begründen und umsetzen.

Die Hausarbeit wird sich im Hauptteil einerseits mit den Sicherheitsaspekten im Zusammenhang mit dem Arenenbau, -umbau und -ausbau beschäftigen. Andererseits sollen die Sicherheitsaspekte, die beim Betrieb der Sportarenen bzw. vor, während und nach den Sportveranstaltungen zu beachten sind, beschrieben werden. Darüber hinaus werden Sicherheitskonzepte des DFB und der FIFA erläutert. Es werden die Rahmenbedingungen dargelegt, die vorhanden sein müssen, um die Sicherheit in Sportarenen zu erhöhen. Die Sicherheit der Sportarenen hat für die Arenenbetreiber einen hohen ökonomischen Wert, der in dieser Hausarbeit ebenfalls berücksichtigt werden soll.

Am Ende werden die Ergebnisse komprimiert dargestellt und einer abschließenden Schlussbetrachtung unterzogen.

2 Begriffbestimmungen und -abgrenzungen

Zunächst ist es erforderlich, die thematisch grundlegenden Begriffe „Sicherheit" und „Sportarena" zu bestimmen.

„Die Zeit" (2005, S. 379) bestimmt Sicherheit wie folgt: „...das Freisein von Bedrohung, bezogen einerseits auf den einzelnen und seine soziale Situation, andererseits auf ein Kollektiv, auf Staat und Gesellschaft und ihre Ordnungen, nicht zuletzt die militär. Absicherung". Bünting (1996, S. 1058) beschriebt den Begriff Sicherheit kurz und bündig, als den „Zustand ohne jegliche Gefahr, Gefährdung".

Übertragen auf die Sicherheit in Sportarenen bedeutet dies die gefahr- und bedrohungslose Nutzung der Anlage einerseits durch einzelne Individuen (z. B. Zuschauer, Spieler, Schiedsrichter), andererseits durch die einzelnen Gruppen (z. B. Gästefans, Heimfans, Mannschaften, VIPs, Schiedsrichtergespann).

„Eine einheitliche Definition für den Veranstaltungstyp Arena gibt es bisher nicht" (Vornholz, 2000, S. 13). Es lassen sich trotzdem einige spezifische Charakteristika für Sportarenen herausstellen. Hierzu soll die Betrachtung zweier Begriffsbestimmungen dienen.

„An arena is a flat floor indoor facility with seating for 10,000 to 25,000 spectators on either one or three levels. The sight lines in this facility are usually designed for sports such as basketball, hockey, indoor soccer and ice events" (Farmer, Mulroony & Ammon, 1996, S. 21).

Vornholz (2000, S. 13) unterteilt dagegen die Sportarenen nach der Größe in zwei Kategorien. Zum einen in die Fußballarenen mit bis zu 60.000 Plätzen und zum anderen in die Arenen, die für Indoor-Veranstaltungen, wie z. B. Basketball oder Eishockey, genutzt werden und eine Kapazität von 8.000 bis 20.000 Plätzen aufweisen. Vornholz (ebd.) schrieb zusätzlich:

> „Die Arena ist charakterisiert durch eine hohe Flexibilität, so dass hier eine
> Vielzahl von Veranstaltungen aus den Bereichen Sport, Kultur und Unterhaltung

durchgeführt werden können. Weitere Merkmale sind die Multifunktionalität, die sich auf Grund kurzer Umbauzeiten ergibt, und eine optimale technische Ausstattung unter anderem in den Bereichen Akustik und Beleuchtung"

Da beide Begriffsbestimmungen den Rahmen dieser Hausarbeit enorm eingrenzen, hält der Autor es für notwendig, in das Thema „Sicherheit in Sportarenen" aus folgenden Gründen Sportstadien einzubeziehen. Erstens beziehen sich die meisten Literaturquellen auf den Fußball – dort vor allem auf die Sportstadien – und zweitens sind viele der Sportstätten, die den Namen Arena tragen, wie beispielsweise die Bay-Arena in Leverkusen, laut Begriffsbestimmung nicht als Arena anzusehen, weil zumeist die Multifunktionalität fehlt. Das Wort „Arena" soll einerseits in dieser Arbeit als übergeordneter Begriff verwandt werden, der die Arena im eigentlichen Sinn und auch das Stadion umfasst. Andererseits gelten die für die Stadien angestellten Überlegungen auch für Arenen.

3 Sicherheitsaspekte

Bei dem Bau, Umbau oder Ausbau einer Sportarena müssen die nötigen Sicherheitsaspekte schon während des Planungsprozesses festgelegt werden, damit später bei der Nutzung eine maximale Sicherheit gewährleistet werden kann (vgl. Farmer et al., 1996, S. 24f.). Die baulichen Maßnahmen in den Arenen können zwar einen optimalen Rahmen für eine reibungslose Veranstaltung stellen, müssen jedoch durch zusätzliche und der Veranstaltung angepasste Sicherheitsmaßnahmen ergänzt werden.

3.1 Arenenbau, -umbau und -ausbau

Die Sicherheit ist einer der wichtigsten Punkte, die beim Bau eines Gebäudes und speziell beim Bau einer Sportarena zu beachten sind. Farmer et al. (ebd. S. 25) nennen die „maximum safety" als ein Element des Planungsprozesses, das unbedingt beachtet werden muss. Des Weiteren ist es von besonderer Bedeutung, während der Planung und des Baus mit der Feuerwehr und Sicherheitsingenieuren zusammen zu arbeiten (vgl. ebd. S. 26). Auch Brensing (2006, S. 206) ist der Auffassung, dass „...ohne spezifisches Know-how des komplexen Reglements und der Anforderungen der Sportverbände wie NOK und FIFA (...) kein Architekt und Ingenieur mehr" auskommt.

Die sicherheitsrelevanten Aspekte beim Bau einer Sportarena reichen von der Auswahl rutschfester Toilettenkacheln bis zu der Einrichtung einer ausreichenden Zahl von Notausgängen.

Im Vorfeld der FIFA Fußbal-Weltmeisterschaft 2006 in Deutschland hat die Stiftung Warentest (2006a, S. 78) die bauliche Sicherheit der WM-Stadien einem Test unterzogen. Dieser Test deckte „teilweise beträchtliche Mängel" in den WM-Stadien auf. Den Stadienbetreibern und der FIFA wurde so exakt aufgezeigt, wo die Schwachstellen der einzelnen Stadien liegen und wie diese beseitigt werden können. In diesem Zusammenhang erstellte die Stiftung Warentest (2006b) die folgende allgemeingültige Liste der zu beachtenden Sicherheitsaspekte beim Stadionbau:

> „Fluchtwege: Fluchtwege müssen kurz und gradlinig sein. Selbst kleine Hindernisse sind gefährlich, wenn tausende Menschen an ihnen vorbeiströmen.
> Orientierung: Ausgänge und Fluchtwege müssen deutlich beschildert und schnell erkennbar ein, auch bei Dunkelheit.
> Treppen und Gänge: Treppen und Gänge müssen von mehreren Personen gleichzeitig genutzt werden können. An schmalen Durchgängen kann hoher Staudruck entstehen. Staudruck und Massenpanik sind eine gefährliche Kombination.
> Stolpersicher: Fluchtwege müssen frei von Hindernissen sein. Schmale und unregelmäßige Treppenstufen, offene Handläufe an Geländern und Papierkörbe in den Laufwegen sind gefährliche Stolperfallen.
> Evakuierung: In Notfällen, etwa bei einer Bombendrohung, muss ein Stadion innerhalb kürzester Zeit geräumt werden können. Das geht nur über breite Fluchtwege und große Ausgänge.
> Rettungstore: Rettungstore bieten doppelten Schutz. Während des Spiels schützen sie Spieler und Schiedsrichter vor Flitzern und übermütigen Zuschauern. Im Falle einer Panik öffnen sie den Zuschauern den Fluchtweg über das Spielfeld.
> Brandschutz: Die Feuerwehr braucht freien Zugang und einen Rundweg ums Stadion. Ebenso wichtig sind Brandmelder, Sprinkleranlagen, Rauchabzüge und Steigleitungen fürs Löschwasser.
> Krawall: Unbefestigte Gullideckel und lose Papierkörbe sind in der Hand von Hooligans gefährliche Waffen. Gute Stadien müssen so gebaut sein, dass Krawallmacher keine Munition finden".

Dieser Auflistung der Anforderungen kann uneingeschränkt gefolgt werden, sie bedarf dennoch einiger Ergänzungen.

Die Katastrophe im Hillsborough-Stadion von Sheffleld am 15. April 1989, bei der 96 Menschen ums Leben kamen, zeigt eindeutig, dass die Fluchtwege für die Zuschauer auf das Spielfeld vorhanden sein müssen. In Sheffield wurden die Menschen in den vordersten Reihen durch einströmende Massen gegen die Begrenzungszäune gepresst. Die Polizei machte den entscheidenden Fehler, die Tore des Stadions zu öffnen und so drängten immer mehr Zuschauer in die überfüllten Blocks (vgl. van Winkel, 2005, S. 230). Um den Fluchtweg auf das

Spielfeld zu ermöglichen, dürfen keine Gräben, Zäune oder andere unüberwindbare Hindernisse den Weg blockieren. Im Berliner Olympiastadion klafft z. B. ein 3 Meter tiefer Graben vor den Zuschauerrängen und im Leipziger Zentralstadion müssten die Zuschauer 3, 40m tief springen, um auf das Spielfeld zu kommen (vgl. Stiftung Warentest, 2006a, S. 79). Solche Hindernisse müssen bei der Bauplanung auf jeden Fall verhindert werden.

Ein weiteres Problem in den neuen Arenen sind die Fluchtwege aus den VIP-Bereichen. „Die Fluchtsituation ist hier häufig problematisch. Denn die Gäste müssen von der Tribüne zurück in die Logen beziehungsweise in die Gastronomiebereiche und von dort durch das Gebäude zu den Treppenräumen fliehen" (ebd. S. 84). Auf diesem Weg stehen oft Stolperfallen, wie z. B. Tische, Stühle oder Barhocker.

Außerdem sollte beim Bau der Arena auf die Sektorentrennung geachtet werden, damit „...ein unkontrolliertes Wechseln der Zuschauer in andere Bereiche unterbunden werden kann" (OK Deutschland, 2005, S. 32). In den meisten heutigen Stadien können diese Sektorentrennungen flexibel vor jedem Spiel errichtet werden. Dies zeigt z. B. auch die unterschiedliche Sektorenverteilung in demselben Stadion bei nationalen oder internationalen Spielen.

Die Hinweise auf die Beachtung des Brandschutzes der Stiftung Warentest sollten um einen weiteren Punkt ergänzt werden, da die Auswahl der Materialien für den Arenenbau von besonderer Bedeutung ist. Die Materialen dürfen nicht leicht entzündbar sein und sollten – soweit es geht - feuerresistent sein. Dies hat eine Tragödie in Bradford gezeigt, bei der 1985 eine Holztribüne in Flammen aufging. Diesem Feuer fielen 52 Zuschauer zum Opfer (vgl. Borgmann & Flohr, 2005, S. 307).

Farmer et al. (1996, S. 33) halten es außerdem für notwendig einen Raum für die medizinische Notfallversorgung bereitzustellen. Eine weitere Forderung, die sie stellen, ist die Absicherung gegen illegalen Zutritt zu verschiedenen Bereichen durch Zäune, Mauern, Gitter und Türen.

Um die Sicherheit zu erhöhen, werden in vielen Arenen, besonders in England, Stehplätze durch Sitzplätze ersetzt (vgl. Brensing, 2006, S. 202). In die Sitzplatzbereiche passen bei weitem nicht so viele Menschen wie in die Stehplatzbereiche und somit ist erstens die Evakuierung leichter und zweitens wird eine Überfüllung von vornherein ausgeschlossen. Im Übrigen erlaubt auch das UEFA-Sicherheitskonzept keine Stehplätze (vgl. van Winkel, 2005, S. 252).

Beim Bau von Arenen sind viele Sicherheitsaspekte zu beachten. Einige Aspekte, die hier nicht weiter aufgeführt werden können, betreffen die technischen Anlagen, wie z. B. die Stromversorgung, Blitzableiter, Beleuchtung und Beschallung (vgl. Hennes, 1993, S. 28).

3.2   Sicherheitsmaßnahmen im Prozess einer Sportveranstaltung

Keine Arena der Welt, ob sie den baulichen Sicherheitsmaßstäben entspricht oder nicht, kann ohne weitere und veranstaltungsbezogene Sicherheitsmaßnahmen im Vorfeld, während und nach der Veranstaltung auskommen. Diese organisatorischen, zumeist immateriellen und personenbezogenen Sicherheitsaspekte, sollen in den folgenden Abschnitten erläutert werden.

3.2.1 Sicherheitsmaßnahmen in Sportarenen vor der Veranstaltung

Die Sicherheitsmaßnahmen, die an einem Veranstaltungstag durchgeführt werden müssen, beginnen schon vor dem Einlass der Zuschauer in die Arena. Zu diesem Zeitpunkt wird die Arena auf jegliche Gefahren, wie beispielsweise Sprengstoff hin durchsucht (vgl. Rathgeb, 1993, S. 12). Die Polizei und die Ordnungsdienste haben im Vorfeld der Veranstaltung weitere Aufgaben zu erfüllen, die sich jedoch zumeist nicht mit der Sicherheit in der Sportarena direkt befassen, wie z. B. der Verkehrsregelung und dem Raumschutz (vgl. ebd. S. 13). Diese außerhalb der Arena durchgeführten Sicherheitsmaßnahmen haben insofern Einfluss auf die Sicherheit innerhalb der Arena, weil die Aggressionsbereitschaft der Zuschauer durch einen reibungslosen Ablauf auf dem Weg ins Stadion gesenkt oder zumindest nicht angeheizt wird.

Im Folgenden werden einige Beispiele aus verschiedenen Stadionordnungen beschrieben. Die Stadionordnungen in Deutschland ähneln sich sehr, weil sie sich alle an der Musterstadionordnung des Nationalen Sicherheitskonzepts Sicherheit und Sport orientieren (vgl. Arbeitsgruppe Nationales Konzept Sport und Sicherheit (NKSS), 1992, S. 33).

Durch Einlasskontrollen an allen Eingängen der Arena, wird den Besuchern der Zugang verwehrt, die „...aufgrund von Alkohol- oder Drogenkonsum oder wegen des Mitführens von Waffen oder von anderen gefährlichen oder pyrotechnischen Gegenständen ein Sicherheitsrisiko darstellen" (Kölner Sportstätten GmbH, 2006). Der Ordnungsdienst ist hierbei laut Stadionverordnung in aller Regel „...berechtigt, die Besucher – auch mit technischen Hilfsmitteln – auf die Mitnahme von verbotswidrigen mitgeführten Gegenständen hin zu durchsuchen und diese sicherzustellen" (Gemeinderat der Stadt Stuttgart, 2005). Der folgende Auszug aus der Stadionordnung der Kölner Sportstätten GmbH (2006) für das Rhein-Energie-Stadion in Köln, zählt die als gefährlich eingestuften Gegenstände, die gegen die Sicherheitsbestimmungen verstoßen auf:

> „§6 Verbote
>
> (1) Den Besuchern ist das Mitführen folgender Gegenstände nicht gestattet:
> a) Rassistisches, fremdenfeindliches und rechtsradikales Propagandamaterial;
> b) Waffen aller Art, wie z. B Hieb-, Stich-, Stoß- und Schusswaffen;
> c) Wurfgeschosse aller Art sowie Gegenstände, die als Waffen oder Wurfgeschosse Verwendung finden können;
> d) Laser-Pointer;
> e) Gassprühdosen, ätzende oder färbende Substanzen;
> f) Flaschen aller Materialien, Becher, Krüge und Dosen aus zerbrechlichem, splitterndem oder besonders hartem Material;
> g) Feuerwerkskörper, Leuchtkugeln, Raketen, bengalische Feuer, Rauchpulver und andere pyrotechnische Gegenstände;
> h) Fahnen- oder Transparentstangen, die nicht aus Holz hergestellt oder länger als 1m sind oder deren Durchmesser größer als 2 cm ist;
> i) Tiere;
> j) Mechanisch betriebene Lärminstrumente, wie z. B. Megaphone und Gasdruckfanfaren;
> k) Brandförderndes oder brandlasterhöhendes Material;
> l) Sperrige Gegenstände, wie Leitern, Hocker, Stühle, Kisten, Reisekoffer, etc.;
> m) Alkoholische Getränke, die nicht im Stadion erworben wurden, sowie Drogen aller Art."

Des Weiteren muss der Ordnungsdienst dafür sorgen, dass die Besucher „den ihnen zugewiesenen und auf der Eintrittskarte ausgewiesenen Platz einnehmen und auf dem Weg dorthin ausschließlich die dafür vorgesehenen Zugänge benutzen" (Olympiastadion Berlin GmbH, 2006, S. 2). Dies soll einerseits die Überfüllung eines Blockes und andererseits die Begegnung verschiedener Fangruppen verhindern. Außerdem muss die sichere Ankunft der Mannschaften und der Schiedsrichter im Stadion und auf dem Spielfeld gewährleistet werden (vgl. OK Deutschland, 2005, S. 47f., sowie OK Deutschland, 2002, S. 16).

3.2.2 Sicherheitsmaßnahmen in Sportarenen während der Veranstaltung

Nachdem alle Zuschauer ihre Plätze eingenommen haben und die Veranstaltung beginnt, liegt die Hauptaufgabe des Sicherheitspersonals im Schutz der Spieler, Schiedsrichter, Trainer und in der Überwachung des Publikums.

Die Spieler, Trainer und Schiedsrichter werden durch die „Präsenz von Sicherheitskräften im Stadioninnenraum in ausreichender Zahl" (OK Deutschland, 2002, S. 13) gesichert. Auch auf den Rängen sollen die Ordner und Polizisten Präsenz zeigen und sich an strategisch wichtigen Punkten postieren; diese können z. B. zwischen den Gast- und Heimfans liegen (vgl. Kastening, 1979, S. 46). Die Polizei- und Ordnungskräfte müssen darüber hinaus einsatzbereit sein und eingreifen, wenn es von Nöten ist. Dies war beispielsweise der Fall beim UEFA-Cup-Spiel zwischen Nancy und Feyenoord Rotterdam am 30. November 2006. Dort konnten französische Sicherheitskräfte, nachdem gewaltbereite Feyenoord-Anhänger Sitze aus den Verankerungen gerissen und Gegenstände auf das Spielfeld geworfen hatten, die Situation nur mit Hilfe des Einsatzes von Tränengas beruhigen (vgl. Sportbild, 2006).

Außerdem müssen die Sicherheitsdienste und die Polizei die Zuschauer an ordnungswidrigem Verhalten, wie dem Abbrennen von bengalischem Feuer hindern und die Täter im gegebenen Fall aus dem Gelände verweisen (vgl. Olympiastadion Berlin GmbH, 2006, S. 2).

Die Sicherheitskräfte müssen dafür sorgen, dass „...alle Auf- und Abgänge sowie die Not-, Flucht- und Rettungswege" (ebd.) freigehalten werden. Darüber hinaus sind sie auch für den Gebäudeschutz verantwortlich. Sie müssen die mutwillige Zerstörung bzw. Beschädigung des Stadioninventars unterbinden (vgl. ebd. S. 3). Die Besucher müssen ferner auch vor Straftaten wie Körperverletzung und Diebstahl beschützt werden.

In den Halbzeitpausen und anderen eventuell entstehenden Pausen gelten die gleichen Richtlinien in der Platzzuweisung wie bei dem erstmaligen Einlass in das Stadion.

Auch der Schiedsrichter spielt im Rahmen der Sicherheit eine wichtige Rolle. Mit einem Spielabbruch kann er für die Sicherheit der Spieler, wie am 11. November 2006 beim Oberligaspiel Zwickau gegen Chemnitz, sorgen. Dort wurde das Spiel abgebrochen, nachdem wiederholt Feuerwerkskörper auf den

Platz flogen (vgl. Glindmeier & Thompson, 2006). Die DFB-Pokal-Partie zwischen den Stuttgarter Kickers und Hertha BSC Berlin am 25. Oktober 2006 wurde, nachdem ein Linienrichter von einem Becher am Kopf getroffen wurde, ebenfalls frühzeitig beendet (vgl. ZDF, 2006). In beiden Fällen verhinderten die Schiedsrichter eine mögliche Eskalation der Situation. Auch Zuschauer und Ordnungskräfte können gegebenenfalls durch einen Spielabbruch geschützt werden.

3.2.3 Sicherheitsmaßnahmen in Sportarenen nach der Veranstaltung

Nach Beendigung der sportlichen Veranstaltung müssen die Sicherheitskräfte garantieren, dass die Spieler und Schiedsrichter beim „…Verlassen des Stadioninnenraumes vor Belästigungen und Gefährdungen durch Zuschauer geschützt werden" (OK Deutschland 2002, S. 16). Dies gilt natürlich auch für das Verlassen des Spielfeldes in der Halbzeitpause.

Die strategische Besetzung wichtiger Positionen an den Zugängen, Ausgängen und Fluchttoren wird von den Ordnern bis zur Leerung des Stadions eingehalten, damit die Besucher sicher aus dem Stadion geleitet werden können (vgl. Arbeitsgruppe NKSS, 1992, S. 28).

Im Falle einer Eskalation bzw. einer möglichen Eskalation der Gewalt zwischen den verschiedenen Fangruppen ist es möglich und üblich, eine der Fanparteien in ihrem Block festzuhalten bis die anderen Zuschauer das Stadion verlassen haben. Dies ist im Jahr 2006 unter anderem beim dem bereits erwähnten Spiel Nancy gegen Feyenoord Rotterdam (vgl. Sportbild, 2006) geschehen. Bei einigen Vereinen mit gewaltbereiten Fans und bei Spielpaarungen, die als gefährlich eingestuft werden, können solche Maßnahmen bereits im Vorfeld festgelegt werden.

3.2.4 Übergreifende Sicherheitsmaßnahmen

Die in den letzten drei Abschnitten erläuterten Sicherheitsaspekte vor, während und nach einer Sportveranstaltung werden im Folgenden noch um die zeitlich übergreifenden Sicherheitsmaßnahmen ergänzt. Diese Sicherheitsaspekte gelten für alle Phasen der Veranstaltung.

Einer der wichtigsten Sicherheitsaspekte in einer Sportarena stellt die sofortige

Einsatzbereitschaft der Polizei, der Feuerwehr und der Rettungskräfte dar, damit sie im Notfall schnell reagieren können (vgl. Arbeitsgruppe NKSS, 1992, S. 28).

Eine weitere, zeitlich übergreifende Aufgabe des Sicherheitspersonals besteht in dem „…Schutz sicherheitsempfindlicher Bereiche (z. B. Kassen, Kartenverkaufsstellen, Mannschafts- und Schiedsrichterräume, Rettungs- und Notwege bzw. Fluchttore, Technikräume, Räume und Plätze für gefährdete Personen und deren Fahrzeuge)" (ebd.   S. 28).

Der Stadionsprecher kann auch zur Sicherheit in Sportarenen beitragen und muss in diesem Sinne geschult sein. Er ist in diesem Zusammenhang für die Bekanntgabe von Spielabbrüchen, die Ermahnung gefährlich handelnder Zuschauer (z. B. Abbrennen bengalischer Feuer), die Aufforderung an die Fans nach Spielende in ihrem Block zu bleiben und für die Bekanntgabe von Anweisungen im Falle einer Evakuierung oder Panik zuständig (ebd. S.45).

Darüber hinaus existieren präventive Maßnahmen, die zur Sicherheit in Sportarenen beitragen. Zu nennen sind dabei die Ende der 80er Jahre eingerichteten Fanprojekte, welche heutzutage in nahezu jeder Bundesligastadt zu finden sind (vgl. König, 2002, S. 94). „Das Hauptziel der Fanprojekte ist die Verhinderung von Gewalt" (ebd.). Dieser Ansatz ist laut der Arbeitsgruppe NKSS (1992, S. 11) vor allem dazu geeignet, „…Mitgliedern jugendlicher Problemgruppen bei der Bewältigung ihrer Schwierigkeiten zu helfen und sie vor abweichendem Verhalten zu bewahren". Die Hauptproblemgruppe in diesem Zusammenhang sind die so genannten Hooligans.

Eine weitere präventive Maßnahme ist das Erteilen von Stadionverboten an Fans, die gegen die Stadionordnung verstoßen oder sich widerrechtlich verhalten haben. Das Stadionverbot ist ein effektives Mittel zur Eindämmung der Gewalt in Stadien, da die Gewaltverursacher meist fußballinteressiert sind und auf alle Fälle im Stadion sein wollen. Die Arbeitsgruppe NKSS (ebd. S. 45) schrieb dazu: „Ohne Zutritt zum Stadion ist eine Teilnahme an gruppendynamischen Prozessen der Gewaltentstehung nicht mehr bzw. nur noch begrenzt möglich".

Das Führen einer Hooligandatei, der so genannten Datei „Gewalttäter Sport", wird seit 1998 offiziell betrieben (vgl. König, 2002, S. 91). „So können bei der Kontrolle der Personalien Platzverbote ausgesprochen werden oder

Vorbeugehaft vorgenommen werden, ohne dass die Personen in der jeweiligen Situation auffällig geworden sind" (ebd. S. 94).

Die Umsetzung von Stadionverboten und die Führung der Hooligandatei wurden auch durch die Einführung der Videoüberwachung der Zuschauer möglich gemacht. Die Videoüberwachung ist auch als abschreckendes Mittel zu verstehen (vgl. ebd. S. 80).

4 Sicherheitskonzepte

Sicherheitskonzepte für den Sport sind fortschreibungsfähige Rahmenkonzeptionen und Grundlagen für die Sicherheitsvorbereitungen von Sportveranstaltungen (vgl. Bundesministerium des Innern, 2005, S. 2). Solche Sportveranstaltungen können Ligaspiele, internationale Spiele und nationale wie auch internationale Turniere sein. Dementsprechend existieren verschiedene Sicherheitskonzepte der einzelnen Veranstalter. Im Spielbetrieb des Fußballes bedeutet dies, dass unterschiedliche Sicherheitskonzepte der Austragungsstadt, des Vereines, des Verbandes (in Deutschland des DFB), der UEFA und der FIFA zum Einsatz kommen.

In dieser Hausarbeit soll exemplarisch das „Nationale Konzept Sport und die Sicherheit" und das Sicherheitskonzept der FIFA Fußball-Weltmeisterschaft 2006 beschrieben werden. Dabei soll hauptsächlich auf die Organisation, die Zuständigkeiten und die Besonderheiten eingegangen werden. Maßnahmenkonzeptionen werden berücksichtigt, jedoch nicht ausführlich erläutert, da diese überwiegend die Sicherheitsaspekte beinhalten, welche im Kapitel 3 dargestellt wurden.

4.1 Nationales Konzept Sport und Sicherheit

In der Arbeitsgruppe NKSS sind neben dem Deutschen Fußball-Bund, das Bundesministerium des Innern, das Bundesministerium für Familie, Senioren, Frauen und Jugend, die Ständige Konferenz der Innenminister und Senatoren der Länder und des Bundes, die Sportministerkonferenz, die Kultusministerkonferenz, die Jugendministerkonferenz, der Deutsche Olympische Sportbund und der deutsche Städtetag vertreten. Der Anlass für die Erstellung dieses Konzeptes waren unter anderem eine Reihe von gewalttätigen Auseinandersetzungen bei Länderspielen und die Absage des Leipziger Fußballfestes aufgrund drohender Ausschreitungen (vgl. Hennes, 1993, S. 33). Das Konzept wurde kurz nach diesen Ereignissen 1992 entwickelt. Das NKSS ist nach Hennes (ebd.):

> „…ein Konzept für die bundesweite Einrichtung von Fan- Projekten, Rahmenrichtlinien für Ordnerdienste, eine Muster-Stadionordnung, Richtlinien für die Verhängung von Stadionverboten – auch von bundesweit wirksamen Verboten – auf einer privatrechtlichen oder öffentlich-rechtlichen Grundlage, Richtlinien über die Stadionsicherheit und eine Konzeption zur Institutionalisierung der Zusammenarbeit auf örtlicher und überörtlicher Ebene".

Die Themen, die die Sicherheitsaspekte im Stadion direkt ansprechen, wie z. B. die Stadionordnung oder die Richtlinien für die Ordnerdienste, wurden im Abschnitt 3 schon erläutert. Des Weiteren wird von einer ganzen Reihe von Organisationen und Behörden gesprochen, die bei der Sicherheit im Sport Verantwortung tragen. Dabei soll das NKSS dazu beitragen die Koordination und die Kommunikation zwischen den Beteiligten zu verbessern. Für die Erarbeitung der sechs vorgegebenen Handlungsfelder wurden Unterarbeitsgruppen gebildet, welche sich gezielt auf die einzelnen Punkte konzentrieren konnten (Arbeitsgruppe NKSS, 1992, S. 9).

Die Qualität dieses Konzeptes spielte eine wesentliche Rolle bei der erfolgreichen DFB-Bewerbung um die Austragung der Fußballweltmeisterschaft 2006 in Deutschland (vgl. ebd. S. 6).

4.2   Sicherheitskonzept der FIFA Fußball-Weltmeisterschaft 2006

Durch das Sicherheitskonzept der FIFA sollten

> „…die Sicherheitsgrundlagen für die FIFA Weltmeisterschaft 2006 auf einen Standard gebracht werden, der größtmöglichen Schutz für die Spieler, Schiedsrichter, Delegationen, FIFA Partner, Medienvertreter und Zuschauer vor, während und nach den Spielen bietet und zwar innerhalb und außerhalb der Stadien" (OK Deutschland, 2005, S. 5).

Um dies in die Tat umsetzen zu können, wurde zunächst unter dem Vorsitz des Bundesministeriums des Inneren – Stab Sicherheit WM 2006 – ein „Nationales Sicherheitskonzept" erstellt. Dieses Konzept wurde in enger Zusammenarbeit mit allen nationalen und internationalen Behörden, Institutionen, Einrichtungen und dem lokalen Organisationskomitee (LOK) formuliert. Die Hauptaufgabe bestand in der Koordination, der nationalen und internationalen Abstimmung zentraler Sicherheitsangelegenheiten und in der Zusammenführung aller

Voraussetzungen zur Bewältigung der Sicherheitslage (vgl. ebd. S. 7f.). Des Weiteren wurde ein „Nationales Informations- und Kooperationszentrum" eingerichtet, das insbesondere die nationalen Sicherheitsbelange zu koordinieren hatte (vgl. ebd. S. 9). Für die Umsetzung des Sicherheitskonzepts war es außerdem von besonderer Bedeutung, dass auf der Bund-Länder-Ebene die einzelnen Behörden und Institutionen perfekt zusammenarbeiteten. Wichtige Einrichtungen hierbei waren unter anderem die Polizeien, die Rettungsdienste, der Katastrophenschutz, das Technische Hilfswerk, die Bundespolizei und das Bundeskriminalamt (vgl. ebd. S. 10ff.). Die „Abteilung Sicherheit" des Organisationskomitees in Zusammenarbeit mit der FIFA, den Behörden und den Organisationen musste sicherstellen, dass das Sicherheitskonzept verwirklicht wurde (vgl. OK Deutschland, 2005, S. 18ff.). Um die Sicherheit in den Sportarenen gewährleisten zu können, ist folglich die effiziente Arbeit in den einzelnen Gruppen und eine gute Zusammenarbeit unverzichtbar.

Bei der FIFA WM 2006 wurde erstmals ein elektronisches Ticket- und Zugangskontrollsystem eingeführt. Dieses System sollte sicherstellen, dass nur berechtigte Personen Zutritt zu den Stadien erhalten, bekannte Gewalttäter vom Verkauf ausgeschlossen werden und die Fantrennung gewährleistet wurde (vgl. ebd. S. 27f.).

Das LOK erstellte ein umfängliches und detailliertes Akkreditierungskonzept. Dazu schrieb das OK Deutschland (ebd. S. 28): „alle akkreditierten Personen werden einer polizeilichen Zuverlässigkeitsüberprüfung unterzogen und erst wenn die Polizei keine Bedenken äußert, wird die Akkreditierung durch das LOK erteilt".

Ein weiteres wesentliches Kriterium, bei einem solchen Mega-Event, ist die Sicherstellung gleicher Sicherheitsstandards an allen Spielorten. Hierzu wurde unter anderem eine grundsätzliche Konzeption anhand eines Musterstadions beschrieben (s. Abb. 1).

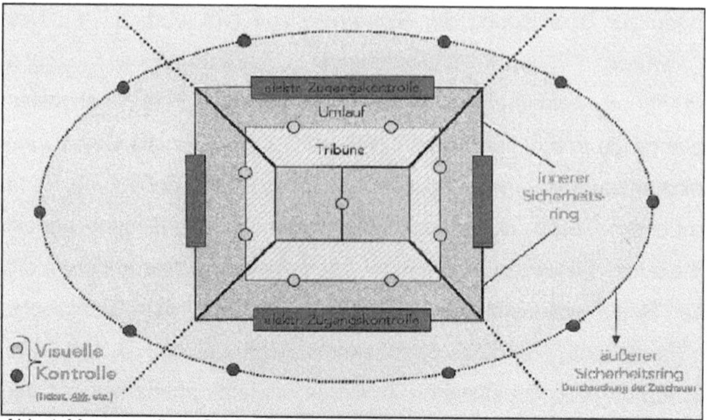

Abb. 1. Musterstadion (OK Deutschland, 2005, S. 31)

Am äußeren Sicherheitsring wurden die ersten Kontrollen an 200 bis 350 Kontrollstellen je nach Stadion vorgenommen. Am inneren Sicherheitsring fanden die elektronischen Zugangskontrollen sowie eine anlassbezogene zweite Durchsuchung der Personen statt. Die schwarzen Linien in der Abb. 1 unterteilen das Stadion in vier vorgegebene Sektoren (vgl. ebd. S. 30ff.).

Die FIFA sieht, ebenso wie die UEFA und der englische Fußballverband, in ihrem Sicherheitskonzept ausschließlich Sitzplätze für die Zuschauer vor. Dies erhöht die Sicherheit enorm, da die Stehplätze ein hohes Sicherheitsrisiko darstellen (s. Kapitel 3.1.2). Dank der optimalen Erarbeitung und Umsetzung des Sicherheitskonzepts ist es gelungen, bei der FIFA WM 2006 neue Maßstäbe im Sicherheitsbereich zu setzen.

5 Ökonomische Aspekte der Sicherheit in Sportstadien

Gerade im Bezug auf die Themen des Seminars „Sportanlagenmanagement" ist es interessant, die Sicherheit in Sportarenen ökonomisch zu betrachten.

Zunächst ist es dabei für die Stadienbetreiber wichtig, die Sicherheit als einen intensiven Kostenfaktor zu sehen. Alleine die Betriebskosten eines Fanprojektes betragen laut der Arbeitsgruppe NKSS (1992, S. 14) ca. 154.000 Euro pro Jahr. Diese werden von dem DFB, dem Land, der Stadt und dem Verein finanziert (vgl. König, 2002, S. 94). Doch die hohen Investitionen in die Sicherheit zahlen sich aus und sind von den Klubmanagern kalkuliert, denn nur ein sicheres Stadion kann ein attraktives Stadion sein. Durch die Erhöhung der

Sicherheit in den Stadien ist es gelungen, zunehmend mehr Frauen und Familien zu einem Stadionbesuch zu bewegen. Gerade Frauen haben sich in der Vergangenheit sehr von der harten männlichen Fanszene abschrecken lassen. Des Weiteren bedeuteten die neuen Sicherheitsstandards eine glänzende Gelegenheit für Investitionen. Die Investitionen, der Umbau von Stehplätzen zu Sitzplätzen und die damit verbundene geringere Kapazität und der gestiegene Komfort, waren für die Stadienbetreiber ein gutes Argument die Eintrittspreise zu erhöhen. Die gestiegenen Preise änderten, auch zur Freude der Manager, die soziale Zusammensetzung des Publikums, so dass immer mehr Zuschauer aus den unteren sozialen Schichten aus den Stadien verschwanden (vgl. van Winkel, 2005,   S. 252f.). Zusammenfassend kann in Anlehnung an Zillner (2005, S. 373f.) beschrieben werden, dass einerseits die Stadien den Appeal für die Männer nicht verlieren dürfen, und sie andererseits „...sicher, sauber und gewaltlos, also frauen-, familien- und investorenfreundlich sein" müssen.

Für die Vereine ergibt sich ein weiterer ökonomischer Faktor durch die Möglichkeit der Sanktionierung des Fehlverhaltens der vereinszugehörigen Fans durch den Verband. Hierbei ist es möglich, die Vereine mit Geldstrafen oder dem Ausschluss aus dem Spielbetrieb zu bestrafen. Der 1. FC Köln wurde beispielsweise mit einer Geldstrafe in Höhe von 45.000 Euro belegt, weil ein Fan aus dem Kölner-Block den Hamburger Spieler Alexander Laas am 3. Dezember 2005 durch den Wurf eines Trommel-Stocks verletzt hatte (vgl. ARD, 2005). Eine der größten Katastrophen in der Fußballgeschichte zog auch die bisher drastischste Bestrafung nach sich. Am 29. Mai 1985 kam es während des UEFA-Cup-Finales im Brüsseler Heysel-Stadion zu Ausschreitungen. Der Vorfall resultierte aus dem gewollten Übergriff gewaltbereiter Liverpool-Fans auf einen anderen Block, in dem sich hauptsächlich neutrale Italiener aufhielten. Die traurige Bilanz dieses Tages waren 39 Tote und 350 Verletzte. Diese Katastrophe führte „...zu einer Disqualifizierung aller englischen Mannschaften von europäischen Wettbewerben für die nächsten fünf Jahre" (König, 2002, S. 75). Der englische Fußball hatte enorme Probleme, diese Strafe zu verarbeiten und stand eine Zeit lang knapp vor dem Aus. Es ist folglich für die Vereine von besonderem Interesse, die Sicherheitsstandards möglichst hoch zu halten.

6 Schlussbetrachtung

In dieser Hausarbeit sollte die Frage geklärt werden, welche Maßnahmen getroffen werden müssen, um sicherere Arenen zu gewährleisten. Dazu wurden zunächst die sicherheitsrelevanten Aspekte einerseits aus der baulichen Sicht und andererseits aus der veranstaltungsbezogenen Sicht erläutert. Diese in Kapitel 3 bearbeiteten Sicherheitsaspekte geben Richtlinien vor, die bei Einhaltung das Risiko der Unfälle und negativen Vorfälle in den Arenen minimieren können. Dennoch sind auch bei Einhaltung aller Richtlinien größere Katastrophen, wie die in Heysel, Sheffield oder Bradford nie ganz auszuschließen (vgl. Stiftung Warentest, 2006a, 78f.). In Anlehnung an van Winkel (2005, S. 231) kann dies allein damit begründet werden, dass in jeder Menschenmasse auch die Panik lauert. Seit diesen Katastrophen wurde vieles an den Sicherheitsbedingungen der Arenen verbessert und neue Sicherheitskonzepte wurden umgesetzt. Die letzten größeren Katastrophen liegen mittlerweile ca. 15 Jahre zurück, was darauf schließen lässt, dass die Arenen heutzutage sicherer sind als damals. Dennoch besteht in einigen Arenen, die schon vor längerer Zeit erbaut wurden, ein enormer Nachholbedarf an Sicherheitsvorkehrungen (vgl. Stiftung Warentest, 2006a, S. 84). Die effektive Arbeit und Zusammenarbeit der einzelnen Sicherheitskräfte und die damit verbundenen veranstaltungsbezogenen Sicherheitsmaßnahmen sind unerlässlich und ergänzen die baulichen Maßnahmen.

Die in Kapitel 4 beschriebenen Sicherheitskonzepte beschreiben die organisatorischen Voraussetzungen, um die Sicherheit in Sportarenen bestmöglich umzusetzen. Außerdem verweisen sie auf weitere Maßnahmen, wie z. B. das Ticketing und die Akkreditierung bei der FIFA WM 2006.

Die Betrachtung aus ökonomischer Sicht stellt einen weiteren Faktor dar, weswegen die Arenenbetreiber in die Sicherheit investieren sollten.

Abschließend können die heutigen Sicherheitsstandards als gut bewertet werden; jedoch sollte weiterhin an neuen und innovativen Sicherheitsmaßnahmen gearbeitet werden. Dabei sollte die Sicherheit nicht zum Selbstzweck werden, „...sondern der Leitlinie folgen: Soviel Sicherheit wie nötig, bei so wenigen Einschränkungen wie möglich" (OK Deutschland 2005, S. 6).

Literatur- und Quellenverzeichnis

Arbeitsgruppe Nationales Konzept Sport und Sicherheit (1992, Dezember). *Arbeitsgruppe Nationales Konzept Sport und Sicherheit.* Zugriff am 13. Dezember 2006 unter http://www.kos-fanprojekte.de/pdf/nkss-1292.PDF

ARD (2005, 15. Dezember). *Nach dem Skandalspiel beim Hamburger SV. 1. FC Köln muss 45.000 Euro zahlen.* Zugriff am 4. Januar 2007 unter http://sportard.wdr.de/sp/fussball/news200512/15/45000_strafe_fuer_koeln.jhtml

Borgmann, M.-M. & Flohr, M.H.W. (2005). Nenn mir einen guten Ground. Das Stadion und sein Name: Mythos, Katastrophe, Zankapfel. In M. Marschik, R. Müllner, G. Spitaler & M. Zinganel (Hrsg.), *Das Stadion. Geschichte, Architektur, Politik, Ökonomie* (S. 297-322). Wien, AU: Turia + Kant.

Brensing, C. (2006). Neuere Tendenzen im internationalen Sportstättenbau. In W. Nerdinger (Hrsg.), *Architektur + Sport. Vom antiken Stadion zur modernen Arena.* (S. 201-213). Wolfratshausen: Edition Minerva.

Bünting, K.-D. (Hrsg.) (1996). *Deutsches Wörterbuch.* Chur, CH: Isis Verlag.

Bundesministerium des Innern (2005, 25. Mai). *Nationales Sicherheitskonzept FIFA-WM 2006: Zusammenfassung.* Zugriff am 17. Dezember 2006 unter http://www.worldcup-zone.de/de/Nationales_Sicherheitskonzept_WM2006.pdf

Die Zeit (Hrsg.) (2005). *Das Lexikon Bd. 13.* Hamburg: Zeitverlag.

Farmer, P.J., Mulrooney, A.L. & Ammon, R. (1996). *Sport Facility. Planning and Management.* Morgantown, WV: Fitness Information Technology.

Gemeinderat der Stadt Stuttgart (2005, 22. September). *Stadionordnung.* Zugriff am 19. Dezember 2006 unter http://www.gottlieb-daimler-stadion.de/stadionordnung.htm

Glindmeier, M. Thompson, A. (2006, 12. November). *Oberligafußball im Osten. Rassismus, Randale, Spielabbruch.* Zugriff am 27. Dezember 2006 unter http://www.spiegel.de/sport/fussball/0,1518,447941,00.html

Hennes, W. (1993). Das Sicherheitskonzept des Deutschen Fußball-Bundes. In Württembergischen Fußballverband (Hrsg.), *Sicherheit im Stadion* (Schriftenreihe Nr. 31) (S. 25-36). Wangen/Allgäu: Akademie des Württembergischen Sports.

Kastening (1979). Gelsenkirchen. In F. Stiebitz (Hrsg.), *Polizeieinsätze in Fußballstadien; Panikforschung* (1. Aufl.) (S. 42-49). Hilden: Verlagsanstalt Deutsche Polizei.

Kölner Sportstätten GmbH (2006, 08. November). *Haus- und Stadionordnung für das RheinEnergieStadion.* Zugriff am 19. Dezember 2006 unter http://www.stadion-koeln.de/ index.php?rubrik=stadion&unterrubrik=stadionordnung

König, T. (2002). Fankultur. Eine soziologische Studie am Beispiel des Fußballes. In S. Meck, M.-L. Klein, G. Pfister, B. Rigauer & D. Voigt (Hrsg.), *Studien zur Sportsoziologie* (Band 11). Münster: LIT Verlag.

OK Deutschland/Abteilung Sicherheit der FIFA WM 2006 (2005). *Sicherheitskonzept FIFA Fußball-Weltmeisterschaft 2006.* Frankfurt a. M.: Oktober 2005.

OK Deutschland FIFA Fussball-Weltmeisterschaft 2006 (2002). *Stadion 2006. Profile und Anforderungen für Städte und Stadien zur FIFA Fussball-Weltmeisterschaft 2006.* Frankfurt a. M.: 06. November 2002.

Olympiastadion Berlin GmbH (2006, April). *Hausordnung für das Olympiastadion Berlin.* Zugriff am 20. Dezember 2006 unter http://www.olympiastadion-berlin.de/fileadmin/files/pdf/Hausordnung_Olympiastadion_Berlin.pdf

Rathgeb, G. (1993). Erfahrungen mit Ausschreitungen anlässlich von Großveranstaltungen – aus polizeilicher Sicht. In Württembergischen Fußballverband e. V. (Hrsg.), *Sicherheit im Stadion* (Schriftenreihe Nr. 31) (S. 7-21). Wangen/Allgäu: Akademie des Württembergischen Sports.

Sportbild (2006, 01. Dezember). *Polizeieinsatz, Spielunterbrechung, Tränengas.* Zugriff am 27. Dezember 2006 unter http://www.sportbild.de/nncs/fussball/2006/12/01/ 5044400000.html

Stiftung Warentest. (2006a). Sicherheit in Stadien. Viermal die rote Karte [elektronische Version]. *test,* 8 (2), 78-84.

Stiftung Warentest. (2006b, 10. Januar). *Sicherheit in Stadien. Tipps. Sichere Fußballstadien – So funktioniert es.* Zugriff am 15. Dezember 2006 unter http://www.stiftung-warentest.de/online/freizeit_reise/test/1335490/1335490/ 1336832/1337078.html?sid=hz0m5y55fogyzpvu40uk3o45

Van Winkel, C. (2005). Tanz, Disziplin, Dichte und Tod. Die Masse im Stadion. In M. Marschik, R. Müllner, G. Spitaler & M. Zinganel (Hrsg.), *Das Stadion. Geschichte, Architektur, Politik, Ökonomie* (S. 229-257). Wien, AU: Turia + Kant.

Vornholz, G. (2000). Die Arena – Veranstaltungshalle ohne ausreichende ökonomische Perspektive? *Der langfristige Kredit,* 14, 13-19.

ZDF (2006, 26. Oktober). *Spielabbruch in Stuttgart. Hartplastikbecher trifft Schiri-Assistent am Kopf – Täter gefasst.* Zugriff am 27. Dezember 2006 unter http://www.zdf.de/ZDFde/inhalt/13/0,1872,3992045,00.html

Zillner, C. (2005). Stadien der Auflösung. Ephemere Stadien oder die Auflösung des Stadions in der Eventgesellschaft. In M. Marschik, R. Müllner, G. Spitaler & M. Zinganel (Hrsg.), *Das Stadion. Geschichte, Architektur, Politik, Ökonomie* (S. 365-394). Wien, AU: Turia + Kant.